配网不停电作业
一线员工作业一本通

绝缘杆作业法带电接熔断器上引线

国网浙江省电力有限公司　组编

中国电力出版社
CHINA ELECTRIC POWER PRESS

内 容 提 要

本书主要介绍 10kV 配网不停电作业项目中的绝缘手套作业法带负荷更换跌落式熔断器（消弧开关法）和绝缘杆作业法带电接熔断器上引线两个作业方法，围绕现场作业篇、安全防护篇、施工质量篇三个方面，通过大量图片，对各作业项目的全套流程进行了讲解和演示，对生产实践具有很强的实用性。本分册为《绝缘杆作业法带电接熔断器上引线》分册。

本书可供配网不停电作业基层管理者和一线员工培训和自学使用。

图书在版编目（CIP）数据

绝缘杆作业法带电接熔断器上引线 / 国网浙江省电力有限公司组编 . —北京：中国电力出版社，2022.5
（配网不停电作业一线员工作业一本通；2）
ISBN 978-7-5198-6502-3

Ⅰ.①绝… Ⅱ.①国… Ⅲ.①熔断器—设备安装—带电作业 Ⅳ.① TM563

中国版本图书馆 CIP 数据核字（2022）第 020164 号

出版发行：中国电力出版社
地　　址：北京市东城区北京站西街 19 号
邮政编码：100005
网　　址：http://www.cepp.sgcc.com.cn
责任编辑：穆智勇
责任校对：王小鹏
装帧设计：赵丽媛
责任印制：石　雷

印　　刷：河北鑫彩博图印刷有限公司
版　　次：2022 年 5 月第一版
印　　次：2022 年 5 月北京第一次印刷
开　　本：880 毫米 ×1230 毫米　横 32 开本
印　　张：7.875
字　　数：219 千字
印　　数：0001—1000 册
定　　价：48.00 元（全二册）

编 委 会

主　　编　　徐定凯

副主编　　钱　江

委　　员　　高旭启　平　原　李　晋　杨晓翔　周　兴　周利生

编 写 组

组　　长　　马振宇

副组长　　周利生　李　晋

成　　员　　周　兴　钱　栋　包益能　周明杰　章锦松　周连水　赵鲁冰　施震华

　　　　　　胡　伟　金乾峰　支文超　王植旺　曾　伟　吴　强　陆佳炜

前　言

　　为了不断提升 10kV 配电网的供电可靠性，减少停电检修给用户带来的影响，10kV 配网不停电作业已逐渐成为配网的主要检修方式。目前，10kV 配网不停电作业包括绝缘手套作业法和绝缘杆作业法两种主要作业方法，其具有较高的作业安全性和便利性。其中，绝缘手套作业法带负荷更换跌落式熔断器（消弧开关法）、绝缘杆作业法带电接熔断器上引线是 10kV 配网不停电作业中难度系数较小的项目，也是作业项目中应用较多的项目。

　　为进一步提高 10kV 配网不停电作业一线员工的技能水平和作业安全性，国网浙江省电力有限公司培训中心组织编写了讲解这两种作业法的《配网不停电作业一线员工作业一本通》，作为一线员工的培训教材。

　　在编写过程中，编写组按照作业项目的基本流程，在保证各环节规范要求的基础上，形成本书的文字内容。并根据文本内容，请一线专家实际演示，自编、自导、自演拍摄了大量的图片，对作业项目中杆上作业的主要危险点和施工质量进行预控说明和规范展示，对作业项目的具体操作起到规范作用。

本书分为《绝缘手套作业法带负荷更换跌落式熔断器（消弧开关法）》《绝缘杆作业法带电接熔断器上引线》两个分册，着重围绕现场作业篇、安全防护篇、施工质量篇等内容，对作业项目的基本流程、现场规范作业、现场安全行为、工艺质量等进行了讲解，具备很强的实用性。

本书的编写得到了杨晓翔、周兴、钱栋、周波、包益能等劳模专家的大力支持，在此谨向参与本书编写、研讨、审稿、业务指导的各位领导、专家和有关单位致以诚挚的感谢！

由于编者水平所限，疏漏之处在所难免，恳请各位领导、专家和读者提出宝贵意见！

本书编写组

2022 年 5 月

目录 / Contents

前言

作业线路装置概况

作业线路装置概况

- 作业项目：带电接熔断器上引线
- 主线路装置：单回路三角排列；架空绝缘导线
- 支接线路装置：单回路水平排列；与主线路为垂直排列；横担规格 70mm×70mm×1900mm

● 绝缘杆作业法带电接熔断器上引线 ●

现场作业篇

一 现场勘察

（一）现场勘察组织

（1）接到带电作业需求单后，作业实施部门应组织现场勘察。
（2）现场勘察由工作负责人、设备运维管理单位（用户单位）和检修单位相关人员参加。
（3）填写现场勘察记录单。

作业点线路装置

填写现场勘察记录单

（二）现场勘察

（1）电杆及埋深、基础、拉线等是否符合要求。
（2）线路装置是否满足要求。
（3）带电作业需要满足的安全措施是否完备。

相关单位人员进行现场勘察

检查待接引线的装置状况

检查拉线是否牢固

检查高低压同杆架设对作业的影响

检查作业距离是否满足要求

检查树木对作业的影响

（三）移交勘察记录单

（1）勘察结束，各方人员在勘察记录单上签字。
（2）现场勘察单送交工作票签发人。
（3）填写工作票。

核对线路双重名称和杆号

各方签字、移交现场勘察记录

二 工器具准备

准备工器具和材料时应注意：
（1）工作班成员准备作业所需的工器具和材料。
（2）出库的工器具应确认试验合格且在有效期内，并办理出库手续。
（3）已出库的绝缘工器具应装袋或装箱，防止受潮和损坏。

（一）本作业项目所需的绝缘工具

本作业项目所需的绝缘工具包括电动剥皮器操作杆（遥控）、射枪操作杆、J型线夹操作杆、多功能操作杆（钩、清洁刷、测距）、绝缘夹钳杆、绝缘滑车挂架、绝缘杆挂架、绝缘无极绳、10kV 验电器。

| 电动剥皮器操作杆（遥控） | 射枪操作杆 |

多功能操作杆（钩、清洁刷、测距）

绝缘夹钳杆

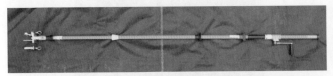

J 型线夹操作杆

10kV 验电器

绝缘无极绳

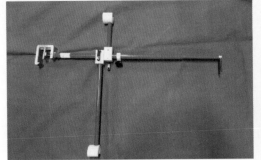

绝缘杆挂架

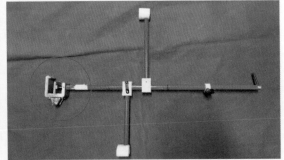

绝缘滑车挂架

（二）本作业项目所需的个人绝缘防护用具

本作业项目所需的个人绝缘防护用具包括绝缘安全帽、绝缘披肩、绝缘手套、防穿刺手套。

绝缘安全帽

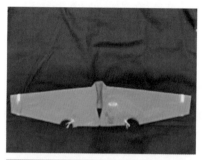

绝缘披肩

绝缘手套

防穿刺手套

（三）本作业项目常用的绝缘遮蔽用具

本作业项目常用的绝缘遮蔽用具包括绝缘子遮蔽罩、导线遮蔽罩。

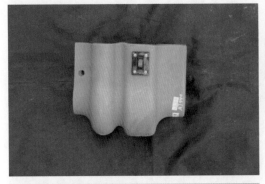

绝缘子遮蔽罩

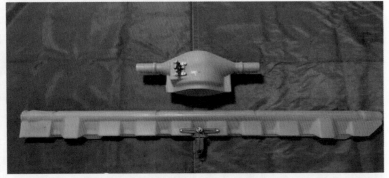

导线遮蔽罩

（四）本作业项目所需的仪器仪表

本作业项目所需的仪器仪表包括风速及温湿度一体机、绝缘电阻检测仪、工频高压发生器。

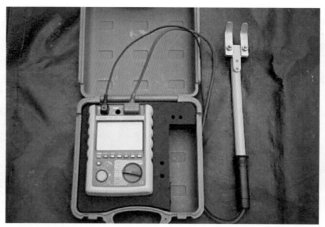

风速及温湿度一体机　　　　　　绝缘电阻检测仪　　　　　　工频高压发生器

（五）本作业项目所需的其他工器具

本作业项目所需的其他工器具包括防潮垫、个人工具包、绝缘杆放置架、断线钳、剥皮器、电动液压钳、电动扳手、钢卷尺、护目镜、工具袋（箱）、清洁布、安全围栏、标示牌等。

护目镜

个人工具包

剥皮器

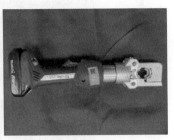

电动液压钳

（六）本作业项目所需的材料

本作业项目所需的材料包括绝缘导线、J 型线夹、铜铝过渡接线端子、防水、普通绝缘胶带。

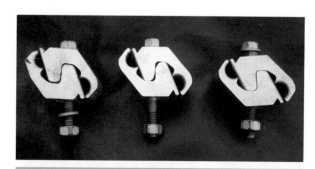

J 型线夹

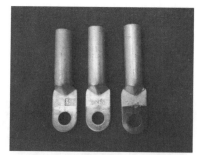

铜铝过渡接线端子

防水胶带

普通绝缘胶带

三 现场作业流程

（一）现场复勘

（1）核对工作线路双重名称、杆号无误。

核对工作线路双重名称和杆号

（2）检查作业点周围环境。

检查作业点周围环境

（3）检查线路装置应具备带电作业条件。

1）电杆及其埋深、基础、拉线等应符合要求。

检查电杆埋深

检查电杆基础

检查电杆倾斜情况

检查杆上装置情况

检查杆身情况

2）防支接线路倒送电的安全措施已做好。

3）支线熔断器已拉开、熔管已取下。

核对装置安全措施

熔断器已拉开、熔管已取下

（4）检查气象条件应符合带电作业要求。

1）现场作业前，须进行风速和湿度的测量。
2）风力大于5级，或湿度大于80%时，不宜进行带电作业。
3）若遇雷电、雪、雹、雨、雾等不良天气，禁止进行带电作业。

现场测量温、湿度

现场测量风速

（5）检查工作票和现场作业指导书所列安全措施，必要时补充安全技术措施。

| 工作票 | 作业指导书 |

（二）工作许可

本作业项目无需停用重合闸，工作负责人应向值班调控人员履行许可手续。

电话许可

记录许可时间

（三）布置作业现场

（1）设置围栏和标识牌：

1）城区、人口密集区或交通道口和通行道路上施工时，工作场所周围应装设遮栏（围栏）。
2）在相应部位装设"在此工作！"标示牌，在围栏出入口装设"从此出入！"标示牌。
3）必要时，派人看管。

装设安全围栏

悬挂标示牌

（2）现场围栏的设置范围应考虑：

    1）杆上作业时落物半径的范围。

    2）防潮毯（垫）和工器具现场摆放等。

围栏装设要求

铺设防潮毯（垫）

（3）工器具的摆放：作业现场应将使用的带电作业工具分类整理摆放在防潮的帆布或绝缘垫上，以防脏污和受潮。

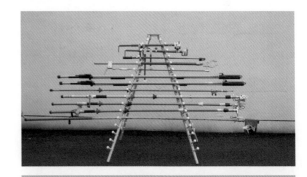

绝缘操作杆架空摆放

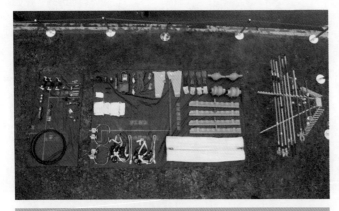

各类工器具分区摆放

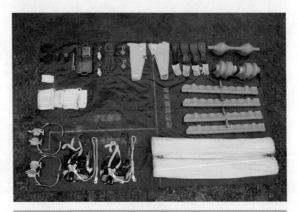

工器具位置摆放合理

（四）现场站班会

（1）检查工作班成员身体情况和精神状态是否良好。

（2）检查工作班成员的着装等穿戴是否符合要求。

（3）向工作班成员交待工作内容、人员分工、现场安全措施和技术措施，并告知作业中的危险点。

（4）工作班成员履行签名确认手续。

现场站班会

检查着装

现场"三交"

工作班成员签字确认

（五）检测工器具和设备

（1）对工器具进行擦拭和外观检查：

> 1）用清洁干燥的布对绝缘工器具进行擦拭。
> 2）检查绝缘工器具无变形损坏，操作灵活。
> 3）检查绝缘防护用具无针孔、砂眼、裂纹等。
> 4）检查手工工具操作灵活。

检查绝缘遮蔽罩

检查绝缘操作杆

检查绝缘披肩

检查绝缘杆操作头

（2）检查绝缘手套和高压验电器：

1）绝缘手套在使用前要压入空气，检查有无针孔缺陷。
2）用高压验电器自检按钮检查正常。
3）用工频高压发生器确认高压验电器良好。

用工频高压发生器检查验电器

检查绝缘手套是否漏气

（3）检测绝缘工具的绝缘电阻：

1）应使用 2500V 及以上的绝缘电阻表。

2）检测电极要求：极宽 2cm，极间距 2cm。

3）绝缘电阻值不得低于 $700M\Omega$。

4）需检测的绝缘工具包括绝缘绳、绝缘操作杆、高压验电器。

绝缘电阻表自检

检测绝缘绳

检测绝缘操作杆

绝缘电阻值不低于 700MΩ

（4）汇报检测结果：

1）工器具检测完毕后，应向工作负责人汇报检查结果。
2）对现场检测不合格的工器具不得在带电作业中使用。

汇报绝缘电阻检测情况

汇报工器具检查情况

（六）作业准备

（1）穿戴个人绝缘防护用具：作业人员应在地面穿戴妥当绝缘安全帽、绝缘披肩、绝缘手套及防刺穿手套等。穿戴完毕后，由工作负责人进行检查。

工作负责人检查作业人员个人绝缘防护用具穿戴情况

（2）安全带冲击试验：

1）作业人员把安全带绕在电杆上进行冲击试验，检查围杆带、后备保护绳，确认安全带无变形、开裂、破损等现象。

2）作业人员对两只脚扣逐次进行冲击试验（距离地面不超过 0.5m），取下脚扣并进行检查，确认脚扣无变形、开裂、破损等现象。

安全带冲击试验

后备保护绳冲击试验

冲击后检查各部件是否完好

脚扣冲击试验

冲击试验后检查脚扣各部件是否完好

汇报冲击试验检查情况

（七）作业步骤

（1）进入带电作业区域：在工作负责人许可后，1 号与 2 号电工依次登杆至杆上合适位置。

应注意：人体与带电体的最小安全距离应不小于 0.4m。

电工依次登杆

杆上配合站位

（2）验电。具体步骤如下：

1）验电器应自检良好，在带电体上确认验电器正常。

2）验明横担和支接线路确无漏电。

3）在带电体上再次确认验电器良好。

应注意：

1）伸缩式验电器的有效绝缘长度应不小于0.7m。

2）将验电结果报告工作负责人。

分支线路验电

在带电体上确认验电器正常

横担验电

汇报验电结果

（3）安装绝缘挂架及绝缘传递绳。具体步骤如下：

传递滑车挂架

1）杆上1号电工在与带电体保持不小于0.4m的位置，用绝缘绳将绝缘滑车挂架吊上并固定在横担上，地面电工对绝缘无极绳进行固定并安装高空吊袋。

2）杆上1号电工转位至横担另一侧安装操作杆固定挂架。

安装滑车挂架

安装绝缘无极绳

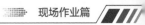

安装高空吊袋

安装操作杆固定挂架

（4）剥除主导线连接部位绝缘层并清除主导线金属氧化物或脏污：杆上电工与地面电工相互配合，用绝缘剥皮杆逐相剥除主导线连接部位绝缘层并清除主导线金属氧化物或脏污。应注意：

1）杆上电工应与带电体（主导线）保持足够的安全距离（大于0.4m），绝缘剥皮杆和绝缘多功能操作杆的有效绝缘长度应大于0.7m。

2）绝缘导线绝缘皮开剥位置距离绝缘子中心线不小于50cm，开剥长度不应大于线夹长度5cm。

3）剥除导线绝缘层时操作杆要与导线垂直，不能损伤导线线芯。

4）防止高空落物。

传递绝缘剥皮杆（遥控）

挂上绝缘剥皮杆（遥控）

遥控锁紧剥皮器

剥除导线绝缘层

外边相绝缘层剥除完成

剥除中相导线绝缘层

剥除内边相导线绝缘层

清除内边相导线金属氧化物

清除中相导线金属氧化物

清除外边相导线金属氧化物

（5）测量、制作三相引线：杆上电工用绝缘多功能操作杆测量三相跌落式熔断器上引线长度，引线应采用绝缘导线。应注意：

1）1号杆上电工应与带电体（主导线）保持足够的安全距离（大于0.4m），绝缘多功能操作杆的有效绝缘长度应大于0.7m。

2）地面电工与杆上电工配合传递绝缘工具时，应使用绝缘无极绳，禁止抛、扔，并注意避免工器具与电杆发生碰撞。

3）绝缘无极绳的尾端不应碰到潮湿的地面。

4）防止高空落物。

确定引线长度时应考虑以下影响因素：

1）引线的长度应为从跌落式熔断器上接线柱到主导线搭接部位的距离。为保证搭接引线时的安全，主导线搭接部位可向装置外侧稍做调整。

2）应适当增加长度，留出引线搭接部位。

测量远边相引线距离

测量中相引线距离

测量近边相引线距离

根据测量结果量取引线长度并截断

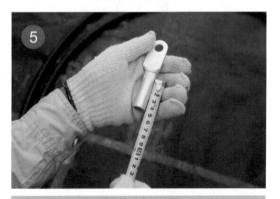

测量接线鼻子孔深

剥除引线绝缘层

清除氧化层

涂抹电力复合脂

压接接线端子

清除接线端子毛刺

接线端子与导线绝缘层之间缠绕防水胶带

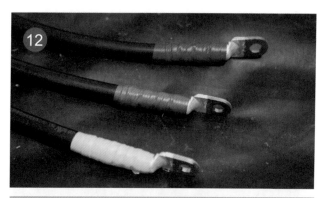

在接线端子上缠绕色相胶带

引线另一端导线与绝缘层之间缠绕防水胶带

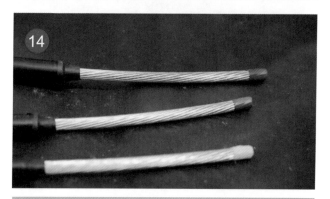

导线头上缠绕绝缘胶带，防止导线散股

（6）设置绝缘遮蔽隔离措施：在工作负责人的监护下，杆上电工用射枪操作杆按照"从下到上，由近及远"的原则，设置两边相绝缘遮蔽隔离措施。应注意：

1）绝缘遮蔽隔离措施的设置部位及其顺序依次为内边相一侧主导线、支持绝缘子另一侧主导线、耐张绝缘子遮蔽罩、外边相一侧主导线、支持绝缘子另一侧主导线、耐张绝缘子遮蔽罩。

2）杆上电工应与带电体保持足够的距离（大于0.4m），射枪操作杆的有效绝缘长度应大于0.7m。

3）绝缘遮蔽应严实、牢固，导线遮蔽罩间重叠部分应大于15cm。

4）防止高空落物。

传递导线遮蔽罩

设置内边相一侧导线遮蔽罩

设置内边相一侧绝缘子遮蔽罩

设置内边相另一侧导线遮蔽罩

内边相遮蔽罩设置完成

杆上人员转移作业位置

设置外边相一侧导线遮蔽罩

设置外边相一侧绝缘子遮蔽罩

设置外边相另一侧导线遮蔽罩

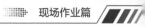

设置外边相耐张绝缘子遮蔽罩

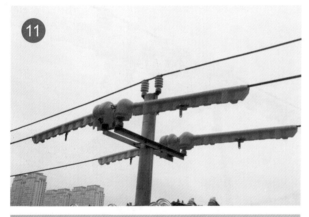

遮蔽罩设置后效果

遮蔽罩设置后汇报

（7）熔断器上引线安装：

1）获得工作负责人的许可后，1号、2号电工调整站位高度安装新熔断器上桩头引线。

2）地面电工将并沟线夹及引线安装在绝缘线夹传送杆（新）上，通过传递袋传递给杆上电工，1号电工进行熔断器上桩头安装。

应注意：

1）杆上电工与带电体的距离应不小于0.4m。

2）安装熔断器上桩头引线时应做好引线防弹跳措施。

3）不得有高空落物现象。

4）上下传递工具时不得碰触电杆等构件。

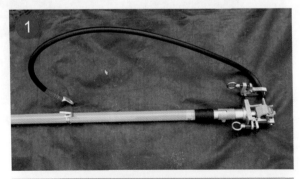

将引线和线夹安装到绝缘线夹传送杆上

安装外边相熔断器上桩引线

依次安装中相、内边相熔断器上引线

将三相引线固定在操作杆固定挂架上，防止引线弹跳

（8）试搭接内、外边相引线：获得工作负责人的许可后，1号、2号杆上电工调整站位高度、角度后，用J型线夹操作杆进行引线试搭接，调整引线长度和朝向。应注意：

1）杆上电工与跌落式熔断器上接线柱的距离应大于0.4m。

2）绝缘工具的有效绝缘长度应大于0.7m。

3）试搭接的顺序应为先内边相跌落式熔断器侧引线，再外边相引线。

4）试搭接后将引线向装置外侧稍做倾斜，以防止在其中一相搭接后，取该相引线时安全距离不足。

试搭接内边相熔断器侧引线

试搭接外边相引线

（9）试搭并搭接中间相引线、恢复导线绝缘：在工作负责人的监护下，1号、2号杆上电工配合试搭中间引线，合格后搭接中间相引线，之后用遮蔽罩操作杆恢复导线绝缘。具体方法如下：

1）1号杆上电工用J型线夹操作杆进行引线试搭接。

2）1号杆上电工试搭接合格后将引线挂接到主导线搭接部位上并紧固J型线夹。

3）2号杆上电工用多功能操作杆松开J型线夹操作杆，1号杆上电工取下J型线夹操作杆。

4）1号、2号杆上电工相互配合，用遮蔽罩操作杆、多功能操作杆、绝缘夹钳操作杆恢复导线绝缘遮蔽。

应注意：

1）杆上电工与跌落式熔断器上接线柱的距离应大于0.4m。

2）绝缘工具的有效绝缘长度应大于0.7m。

3）在传送引线时，应注意引线与电杆之间的距离，并防止其超出绝缘遮蔽措施的遮蔽范围。引线宜从装置外侧向上传送，且引线端头应朝向电源侧。

4）防止高空落物。

引线的搭接工艺和质量应符合施工和验收规范的要求：

1）每相引线的J型线夹1个，引线穿出线夹的长度为2~3cm，J型线夹的安装位置在剥除绝缘层的中间位置。

2）J型线夹无歪斜现象，搭接紧密。

3）引线无散股、断股现象，引线弛度、弧度适宜。

4）引线与电杆及横担之间的距离应不小于20cm。

5）绝缘遮蔽罩安装应牢固严密。

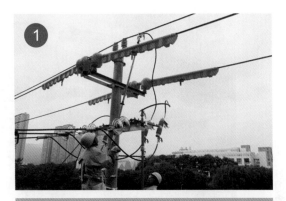

搭接中间相引线

J 型线夹、引线挂接到主导线

紧固 J 型线夹

松开 J 型线夹操作杆

取下 J 型线夹操作杆

用绝缘夹钳操作杆恢复中相导线绝缘遮蔽

中相引线搭接完成汇报

（10）拆除绝缘遮蔽、搭接外边相引线并恢复导线绝缘：在工作负责人的监护下，1 号、2 号杆上电工调整好站位，相互配合拆除外边相需搭接侧导线绝缘遮蔽罩，按照与中间相相同的步骤和要求配合搭接好外边相引线并恢复导线绝缘。应注意：

1）拆除绝缘遮蔽时，杆上电工应与带电体保持足够的距离（大于 0.4m），射枪操作杆的有效绝缘长度应大于 0.7m。

2）引线与引线之间的距离应大于 30cm。

3）引线与电杆及横担之间的距离应不小于 20cm。

4）每相引线的 J 型线夹 1 个，引线穿出线夹的长度为 2～5cm，J 型线夹的安装位置在剥除绝缘层的中间位置。

5）J 型线夹无歪斜现象，搭接紧密。

6）引线无散股、断股现象，引线弛度、弧度适宜。

7）绝缘遮蔽罩安装应牢固严密。

拆除外边相引线搭接侧导线遮蔽罩

搭接外边相引线

绝缘夹钳操作杆恢复
外边相导线绝缘遮蔽

（11）拆除绝缘遮蔽、搭接内边相引线并恢复导线绝缘：在工作负责人的监护下，1号、2号杆上电工调整好站位，按照与中间相相同的步骤和要求配合搭接好内边相引线并恢复导线绝缘。应注意：

1）拆除绝缘遮蔽时，杆上电工应与带电体保持足够的距离（大于0.4m），射枪操作杆的有效绝缘长度应大于0.7m。

2）引线与引线之间的距离应大于30cm。

3）引线与电杆及横担之间的距离应不小于20cm。

4）每相引线的J型线夹1个，引线穿出线夹的长度为2~5cm，J型线夹的安装位置在剥除绝缘层的中间位置。

5）J型线夹无歪斜现象，搭接紧密。

6）引线无散股、断股现象，引线弛度、弧度适宜。

7）绝缘遮蔽罩安装应牢固严密。

拆除内边相引线搭接侧导线遮蔽罩

搭接内边相引线

绝缘夹钳操作杆恢复内边相导线绝缘遮蔽

三相引线搭接完成

（12）撤除绝缘遮蔽隔离措施：在工作负责人的监护下，1号杆、2号上电工相互配合使用射枪操作杆，按照与设置绝缘遮蔽措施相反的顺序，撤除两相绝缘遮蔽隔离措施。应注意：

　　1）拆除绝缘遮蔽措施的顺序为外边相耐张绝缘子遮蔽罩、绝缘子遮蔽罩和导线遮蔽罩，内边相耐张绝缘子遮蔽罩、导线遮蔽罩和绝缘子遮蔽罩。

　　2）1号杆上电工应与带电体保持足够的距离（大于0.4m），射枪操作杆的有效绝缘长度应大0.7m。

　　3）防止高空落物。

拆除外边相耐张绝缘子遮蔽罩

拆除外边相绝缘子遮蔽罩

拆除外边相导线遮蔽罩

拆除内边相耐张绝缘子遮蔽罩

传递遮蔽罩、射枪操作杆

拆除内边相导线遮蔽罩

拆除内边相绝缘子遮蔽罩

（13）拆除绝缘杆挂架：杆上 1 号、2 号电工转移至合适位置，调整好站位拆除绝缘杆挂架、滑车挂架，然后杆上 2 号电工下杆。应注意：

1）1 号杆上电工应与带电体保持足够的距离（大于 0.4m）。
2）下杆时应全程使用安全带，防止高空坠落。

拆除绝缘杆挂架

传递绝缘杆挂架

地面电工拆除高空吊袋

拆除滑车挂架

传递滑车挂架

回收绝缘无极绳

将绝缘无极绳装入工具袋

2号电工下杆

（14）工作验收：杆上电工检查施工质量，下杆。

1）杆上无遗漏物。
2）装置无缺陷符合运行条件。
3）向工作负责人汇报施工质量。
应注意：下杆时应全程使用安全带，防止高空坠落。

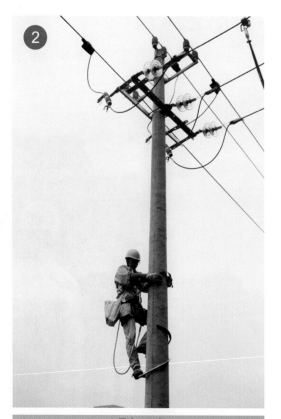

检查施工质量

1号电工下杆

（八）现场收工会

（1）工作负责人组织召开现场收工会。

（2）对本次工作的施工质量、安全措施落实情况、规程执行情况进行总结和点评。

现场收工会

（九）工作终结

作业结束后，工作负责人应及时向值班调控人员汇报，并终结工作票。

电话终结

记录终结时间

（十）清理场地

（1）工作班成员整理工具、材料，将工器具清洁后放入专用的箱（袋）中。

（2）清理现场，做到工完料尽场地清。

用清洁毛巾擦拭绝缘遮蔽罩

绝缘操作杆分别装袋

擦拭绝缘披肩

工具分类装箱

回收防潮垫

● 绝缘杆作业法带电接熔断器上引线 ●

安全防护篇

一 防高空坠落

（1）登杆前应检查杆根、基础和拉线是否牢固。遇有冲刷、起土、上拔或导地线、拉线松动的杆塔，应先培土加固、打好临时拉线或支好架杆。

检查杆根牢固

检查电杆埋深符合要求

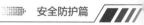

检查电杆基础牢固

检查拉线无松动

（2）登杆前应检查登高工具是否良好。

安全带冲击试验

后备保护绳冲击试验

安全带冲击试验后检查

脚扣冲击试验

脚扣冲击试验离地不超过 50cm

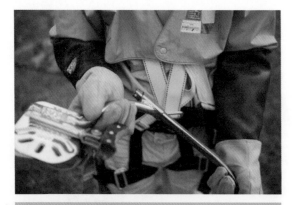

脚扣冲击试验后检查

脚扣带磨损禁止使用

（3）禁止攀登有纵向裂纹的电杆。横向裂纹不得大于0.5mm，长度不得大于电杆周长的3/4。

检查电杆是否有纵向、横向裂纹

电杆有纵向裂纹禁止攀登

（4）登杆过程中不得失去安全带保护，防止发生高空坠落。

登杆过程中未使用安全带保护

登杆过程中应使用安全带

作业人员同时登杆或下杆

作业人员依次登杆

（5）攀登杆塔时，应及时收紧脚扣，防止滑落。

脚扣过大易打滑

及时调整脚扣

（6）禁止携带器材登杆或在杆塔上移位。

携带器材登杆

登杆正确示范

（7）在杆塔上作业时，应使用有后备保护绳的双控背带式安全带，安全带和保护绳应分挂在杆塔不同部位的牢固构件上。

杆塔上作业未使用后备保护绳

使用有后备保护绳的双控背带式安全带

（8）作业人员作业过程中，应随时检查安全带是否拴牢。高处作业人员在转移作业位置时不得失去安全带保护。

转移作业位置时不得失去安全保护

二 防物体打击

（1）高处作业，除有关人员外，他人不得在工作地点的下面通行或逗留，工作地点下面应有遮栏（围栏）。作业点下方应按坠落半径设置围栏。

作业点下方无关人员不得逗留

（2）杆上作业人员应将绝缘杆等器具加以固定，避免发生高空落物。

操作杆固定架应安装牢固　　　　　操作杆固定架未安装牢固

91

（3）高处作业应使用工具袋。

高处作业应使用工具袋

（4）在设置或拆除绝缘遮蔽时，应注意防止引起高空落物。

设置绝缘遮蔽应牢固可靠

使用绝缘无极绳和高空吊袋上下传递工具

（5）在搭引线作业时，应注意防止引线和线夹引起高空落物。

操作杆应固定牢固

搭接引线时，引线、线夹安装应牢固

（6）上下传递材料、工器具应使用绝缘绳索并固定牢固。

用绝缘无极绳和高空吊袋传递射枪操作杆、绝缘断线钳等工具

三 防电弧及触电伤害

（1）禁止带负荷接支线熔断器上引线。

搭接引线前应断开熔断器

（2）作业前，应验明支接线路和横担确无漏电。

验电时伸缩式验电器未完全伸出

用验电器确认横担无漏电现象

（3）支接線路應有防倒送電的安全措施。

分支線側應裝設接地線

（4）杆上作业人员应按要求穿戴绝缘安全帽、护目镜、绝缘披肩、绝缘手套及外层防刺穿手套等。带电作业过程中，禁止摘下绝缘防护用具。

验电时未戴绝缘手套

验电时应戴绝缘手套

（5）作业过程中，杆上作业人员应与带电体保持不小于0.4m的安全距离。

作业时人体与带电体保持不小于 0.4m 的安全距离

（6）作业过程中，绝缘杆的有效绝缘长度应不小于0.7m。

<0.7m

≥0.7m

作业时绝缘杆有效绝缘长度不小于0.7m

● 绝缘杆作业法带电接熔断器上引线 ●

施工质量篇

一 引线安装

（1）10kV 线路每相引线、引下线与邻相导线之间，安装后的净空距离应不小于300mm。

（2）线路的导线与拉线、电杆或构架之间安装后的净空距离，10kV 时，应不小于200mm。

（3）引线无断股现象，端口应有防止散股的措施。

（4）三相引线应采用绝缘导线，绝缘导线应有防水措施。

（5）三相引线长度适宜，弧度应均匀。

（6）引线朝向：接引线时，三相引线的端口应统一朝向主线路的电源侧。

引下线与相邻导线之间的净空距离不小于 0.3m

中相引线与电杆之间的净空距离不小于 0.2m

绝缘导线端口缠绕防水胶带

线芯端口缠绕绝缘胶带防散股

引线长度适宜，弧度应均匀

三相引线的端口统一朝向主线路的电源侧

二 线夹安装

（1）每相引线的 J 型线夹 1 个，引线穿出线夹的长度为 2～5cm，J 型线夹的安装位置在剥除绝缘层的中间位置。

（2）J 型线夹无歪斜现象，搭接紧密。

（3）引线无散股、断股现象。

（4）绝缘遮蔽罩安装应牢固严密。

线夹涂抹电力复合脂

引线涂抹电力复合脂

每相使用一个 J 型线夹

线夹安装在绝缘导线剥除处中间位置

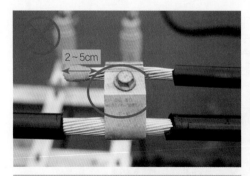

引线穿出线夹长度应为 2~5cm

2~5cm

引线散股

J 型线夹搭接不紧密

J 型线夹搭接应紧密

线夹搭接处的防水遮蔽罩

三 接线端子施工

（1）10kV及以下架空电力线路引线的连接应符合在与不同金属导线的连接时应有可靠的过渡金具的要求。

（2）从芯线端头量出长度为接线鼻子的深度，另加5mm，剥去电缆芯线绝缘，并在芯线上涂上导电脂。

（3）将芯线插入接线鼻子内，用压线钳子压紧接线鼻子，压接应在两道以上，压接后用锉刀修整棱角毛刺。

（4）根据不同的相位，使用黄、绿、红分别包缠电缆各芯线至接线鼻子的压接部位。

量取接线鼻子深度

剥除绝缘层

清除导线金属氧化物

剥除长度为接线鼻子孔深+5mm

涂抹电力复合脂

压接

清除毛刺

缠绕防水胶带

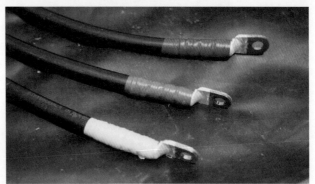

缠绕相色标记